AF232784

V. 1884.
24.

EXPLICATION

DE L'EFFET

DES TROMPETTES

PARLANTES.

Où l'on void quelle est leur proportion, leur figure, leur matiere, leur Sphere d'activité, les experiences qui en ont esté faites, & quelques Trompettes de nouvelle invention.

A PARIS,

———

M. DC. LXXV.

AVEC PERMISSION.

A
MADAME
LESCOT.

ADAME,

    Ce n'eſt pas mon deſſein de vous dedier un Livre, cet ouvrage eſt trop petit & trop peu conſiderable pour meriter ce nom, & quand meſme il ſeroit d'un juſte volume, je ne pretendrois point en vous le dediant rendre voſtre nom plus connu dans le Monde, puis que voſtre Reputa-

tion s'eſtend juſques chez les Nations les plus
éloignées. Ces aſſemblées qui ſe tiennent tous les
jours chez vous, où j'ay vû des Eveſques, des
Princeſſes, des perſonnes tres-Illuſtres dans
la Chaire, dans la Robe & dans l'Eſpée, &
une infinité de Sçavans en toute ſorte de Sciences, publient aſſez voſtre merite : Mais je ne
puis taire cette noble inclination qui vous porte à
aimer ces derniers, & à leur fournir les inſtrumens
& les moyens de faire leurs experiences, & à
prendre plaiſir à leurs Obſervations, particulierement à celles du celebre Monſieur Acar,
qui a trouvé ce rare ſecret d'employer les pierres
pretieuſes dans la peinture du Verre, l'admira-
tion de tous ceux qui voyent cette ſorte d'Ouvra-
ge. Ce ſeroit icy le lieu, MADAME, de m'é-
ſtendre ſur vos autres belles qualitez, mais ne m'é-
tant propoſé que de vous donner une reconnoiſſan-
ce publique de la bien-veillance dont vous m'ho-
norez : Je laiſſe cet employ à un eſprit plus élo-
quent que le mien, pour vous aſſeurer que je
ſuis

MADAME,

Voſtre tres-humble & tres-
obeïſſant ſerviteur,
DE HAVTEFEUILLE.

EXPLICATION
DE L'EFFET
DES TROMPETTES
PARLANTES.

N ſçait aſſez que les découvertes & les inventions qui ſervent à augmenter la puiſſance de nos ſens, ſont les plus utiles de toutes celles que nous puiſſions deſirer ; celuy de la veuë qui eſt le plus univerſel & le plus nobĺe de tous a eſté tellement perfectionné, qu'il eſt bien difficile, pour ne pas dire impoſſible, de le porter à un plus haut degré que celuy auquel il eſt à preſent ; & il ſeroit à ſouhaitter pour le profit de tous les hommes que les autres ſens euſſent la meſme perfection : mais comme les inventions les plus utiles & les plus admirables ne ſe trouvent ordinairement que par hazard, & ne ſe perfectionnent qu'avec le temps par l'application que les ſçavans y apportent, il ſemble auſſi que le meſme hazard ait fait découvrir la Trompette parlante, que l'on nous a envoyée d'Angleterre, qui aura du moins cet avantage qu'elle invitera les ſçavans à la perfectionner, à

A

cultiver le fens de l'ouye, & à mediter fur les fons qui ont efté jufques à prefent fort inconnus.

L'invention de cette Trompette me parut d'abord fi belle & fi furprenante que j'ofay prefque douter du fait, j'aurois bien fouhaité en faire faire de cuivre ou de fer blanc pour m'en rendre certain, mais la difficulté de trouver des ouvriers qui puffent luy donner la figure que je penfois eftre neceffaire, m'en empefcha: toutefois ma curiofité naturelle & la forte paffion que j'ay pour toutes les nouvelles découvertes ne me permit pas de differer plus long-temps, & ne voulant fimplement que m'affeurer du fait, je crus qu'il devoit paroiftre dans une Trompette de carton auffi-bien que de toute autre matiere.

J'en fis donc une de fept à huit pieds de long, & de douze à treize pouces de grand diametre; à peine fut-elle achevée que parlant dedans, j'entendis une groffe voix pleine & agreable; mais eftant tout feul, je ne pouvois experimenter fon eftenduë & jufqu'à quelle diftance elle portoit, les echos que je faifois retentir, me fervirent en cette occafion; car parlant dans cette Trompette de mon ton de voix ordinaire, j'en faifois répondre plufieurs, où à peine un feul pouvoit-il fe faire entendre fans cet inftrument, quoique je criaffe à gorge déployée: J'eus beaucoup de plaifir d'oüir ces echos, qui me répondoient diverfement felon la force, la viteffe des paroles, l'éloignement & le cofté duquel je parlois, & ils me donnerent occafion de faire cent jolies experiences & tres-curieufes, que je n'écris point pour ne les avoir pas faites avec affez d'exactitude.

Peu de temps aprés la Trompette de Monſieur Denis parut, Monſieur l'Abbé Galois en fit faire une de ſon invention compoſée de quatre Trompettes jointes enſemble qui n'ont qu'un pavillon, & qu'un embouchoir commun. Monſieur Dalancé en fit faire pluſieurs, & entr'autres celle qu'on appelle d'Alexandre, qui ſe diviſe à quelque diſtance de l'embouchoir, & ſe vient rejoindre vers le pavillon ; pluſieurs particuliers en firent faire quantité d'autres de differentes longueurs & de differentes largeurs ; & meſme on en fit venir d'Angleterre ; enfin on fut pleinement convaincu de leur effet : Il ne fut plus queſtion que de l'expliquer, d'en chercher les raiſons & de l'augmenter, s'il eſtoit poſſible ; car il n'eſtoit pas tel que les Anglois l'avoient écrit dans leur Journal.

Les Sçavans s'y ſont appliquez, & pluſieurs en ont donné des raiſons : mais on peut dire que chacune en particulier n'eſt pas ſuffiſante. Le Chevalier Morland inventeur de cette Trompette dit que la voix qui ſort de la bouche de celuy qui parle, s'écartant à la ronde, frappe la ſurface interieure de la Trompette, & que toutes ſes parties ſe reflechiſſant dans un certain endroit y deviennent beaucoup plus fortes, & que derechef elles s'écartent & ſe reflechiſſent pluſieurs fois de ſuite par quantité de cercles qu'il imagine ; & comme ces cercles vont toujours croiſſans, ils rendent la voix beaucoup plus capable de s'étendre. Il appuye ſa penſée par une experience qu'il a fait en prenant une bande de bois aſſez large, à laquelle il a donné à peu prés la figure de la Trompette, & la mettant dans un vaiſſeau, où il y avoit du Mercure, & frap-

pant fortement par le bout avec un baston, il dit a-
voir veu quantité de cercles se former sur la surface
de cette liqueur.

Cette explication ne paroistra pas extrémement ju-
ste à ceux qui l'examineront de prés; mais pour faire
appercevoir avec les yeux mémes que toutes ces reflexions & concentrations de la voix qu'il pretend, ne se
font point, il faut faire l'experience qu'il a fait avec du
vif argent ou d'autres liquides, il y a seulement à obser-
ver qu'au lieu de frapper avec un baston par le bout,
il faudra laisser tomber quelque corps dans la liqueur,
on verra la percussion & la maniere dont elle se fait,
que s'il a veu quantité de cercles se former sur la surface du vif argent; c'est que le coup qu'il a donné, a fait
le mesme effet, que s'il avoit jetté en mesme temps
dans la liqueur plusieurs corps éloignez les uns des
autres; & quand bien mesme par quelque moyen que
ce fut, la premiere percussion s'iroit reunir dans un
centre, il ne s'ensuivroit pas que le mouvement dût
estre plus violent dans la seconde, & la comparaison
qu'il apporte de la reflexion de la lumiere dans les mi-
roirs concaves ne convient nullement, ceux qui examineront tant soit peu les encyclies ou cercles de l'eau
en seront entierement convaincus: Il y a plusieurs autres raisons qui prouvent la nullité de cette opinion
dont je ne parleray point pour n'estre pas trop long.

Monsieur Castegrain dit dans les memoires de
Monsieur Denis, que si on fait les Trompettes selon
les sections du Monochorde ou Canon harmonique,
& principalement suivant les octaves qui sont des raisons doubles les unes des autres, elles doubleront la
voix

voix à chaque octave, & qu'il croit que leur grosseur
grossit la voix, & leur longueur la fortifie ; mais il ne
le prouve point, & ainsi c'est plutost une proportion
de la figure de la Trompette, qu'une explication de
son effet, c'est pourquoy je n'en diray rien davantage.

Quelques sçavans l'expliquent en cette maniere :
Concevez, disent-ils, un homme qui parle dans le
milieu de l'air, on entendra sa voix à la ronde jusques
à une certaine distance. Retranchez la partie qui est
sous ses pieds, il est certain qu'on l'entendra bien plus
loin, puisque le mouvement qu'il communiquoit
à toute cette Sphere d'air, ne s'applique plus aux
parties inferieures, & si on oste celuy qui est sur sa
teste, & celuy qui est derriere, il est visible qu'on l'entendra beaucoup plus loin du costé que l'air luy sera
libre ; enfin si on oste la communication de l'air qui
est à droit & à gauche, il est constant que la voix se
portera à une distance beaucoup plus grande devant
luy, & cecy n'est autre chose que la Trompette avec
laquelle on retranche tout l'air d'alentour, & on ne
laisse que celuy qui est devant, ce qui fait que lors
qu'un homme parle dedans, on l'entend de si loin ;
ajoustez que tous les lieux qui sont creux & concaves
renforcent la voix, parce qu'ils conservent davantage
le mouvement de l'air, & que la voix est toujours plus
forte dans sa ligne vocale ; & cela est si connu chez les
Predicateurs qui n'ont point de voix, qu'ils ne man-
quent pas de faire couvrir leurs chaires, afin que la
voix soit plus reserrée, & qu'elle se puisse mieux re-
flechir sur leurs auditeurs, c'est d'où vient aussi qu'on

entend parler un homme d'une plus grande diſtance dans une longue galerie, dans les cavernes, aux voutes & aux arcades des ponts que dans un lieu ouvert de tous coſtez.

Quoique tout ce qui eſt dit dans cette explication ſoit veritable, il eſt facile de voir que ce n'eſt point la veritable explication des Trompettes & de leur effet puiſqu'il s'enſuiveroit que plus leurs grands diametres ſeroient petits, & plus la voix s'étendroit, ce qui eſt manifeſtement contre l'experience ; joint qu'elle n'explique pas comment la voix groſſit & pourquoy les ſons des montres n'y groſſiſſent point.

Pour donner maintenant une connoiſſance entiere de l'effet de ces inſtrumens, & où il n'y eut rien à deſirer, il faudroit raporter la veritable nature du ſon, & particulierement de la voix ; expliquer tous les mouvemens de la langue, des nerfs & des muſcles, & de toutes les autres parties qui ſervent à ſa formation ; faire apercevoir comment ſe forment les voyelles, les conſonnes & les ſyllabes, & mille autres choſes qui en dépendent, mais comme il ſeroit trop long, & preſque impoſſible, je les ſuppoſeray pour connuës.

Je veux ſeulement que l'on penſe que la voix ſe forme de la meſme maniere que le ſon dans une anche d'Orgue ou de Muſette, ce qui ſe fait par les petites ſecouſſes de l'air, lorſqu'il eſt obligé de paſſer au travers, & qu'il imprime ce meſme mouvement à l'air qui eſt enfermé dans un tuyau attaché au bout de cette Anche, en telle ſorte que la modification du ſon ſe fait à l'extremité de ce tuyau ; car il eſt viſible, que ſi on l'alonge ſans changer autre choſe, le ſon changera, & d'aigu qu'il eſtoit, il deviendra grave, par ce que l'air contenu dans ce tuyau reſiſte à celuy qui entre par l'Anche & par conſequent eſt chaſſé plus lentement.

Il en eſt de meſme ſi on change ſeulement ſa largeur, mais de determiner les proportions de l'aigu & du grave, il n'eſt pas neceſſaire ; il y a ſeulement à remarquer que la largeur n'augmente pas la gravité du ſon, à proportion de la longueur, comme on experimente aux tuyaux d'orgues qui ne peuvent eſtre aſſez élargis pour faire l'octave, quoy qu'ils ſoient ſix ou ſept fois plus larges, ſi on ne les allonge en meſme temps. Car l'experience enſeigne que de pluſieurs tuyaux de meſme hauteur, celuy qui eſt deux fois plus large ne deſcend que d'un ton plus bas, & s'il l'eſt quatre fois plus, il deſcend ſeulement d'une tierce majeure. C'eſt auſſi une choſe tres-aſſeurée qu'un tuyau cylindrique d'un pied de long, quatre ou huit fois plus large, & qui contient davantage d'air, a le ſon beaucoup plus aigu que le Cylindre de deux pieds de long, ſi l'on en croit les experiences du P. Merſenne.

Mais ſans m'amuſer aux tons graves & aigus qui paroiſſent peu ou point dans la Trompette, j'expliqueray ſeulement la groſſeur de la voix, & la force qu'elle a de s'étendre.

PROPOSITION.

Si un tuyau est plus large par un bout que par l'autre , une Anche y estant ajoutée, ou un homme parlant dedans, le son ou la voix se formera à l'autre bout, de la mesme maniere que si le tuyau esto itpar tout égal à l'extremité par laquelle la voix sort?

JE tascheray en premier lieu de faire voir, que ce que j'avance arive dans les tuyaux d'Orgues que l'on appelle Cromornes & de Trompettes & autres qui se servent d'Anches, & en suite j'en feray l'application aux Trompettes Parlantes.

Si l'on m'accorde que le son d'un tuyau à Anche n'est, comme j'ay dit, qu'un certain mouvement de l'air contenu dans ce tuyau, & que la modification du son se fasse à l'extremité de ce tuyau, dont il semble qu'on ne puisse pas douter, Descartes & les plus habiles estant dans ce sentiment, il sera facile d'estre convaincu de la proposition que j'avance, puis qu'il est certain que l'air qui est à la plus grande extremité d'un tuyau qui est en cône, est frappé, poussé & agité de la mesme force & de la mesne maniere que l'est celuy d'un autre tuyau Cylindrique dont la base est égale à celle du Cône.

Il sera un peu difficile de prouver clairement cette proposition, & il ne faut pas s'estonner si plusieurs n'en seront pas d'abord convaincus, puisque quelques habiles ont eu peine à se persuader d'un effet semblable , quoique beaucoup plus visible & plus convaincant , & dans une matiere plus grossiere que n'est pas l'air , dont à peine appercevons nous

le

le mouvement, & que nous pouvons simplement conjecturer par ce que nous voyons arriver dans les autres liquides.

C'est cette celebre experience de Monsieur Paschal qui a estonné tout le monde, & qui a fait mesme douter les Sçavans, si ill'avoit mise en execution, & toutes celles dont il parle dans l'équilibre des liqueurs; je l'explique en peu de mots.

PROPOSITION.

Si un tuyau plus gros vers une extremité que vers l'autre, est perpendiculaire à l'Horison, la liqueur pesante qu'il contiendra, n'aura ny plus ny moins de force, pour sortir par l'ouverture d'embas, que si la grosseur estoit par tout esgale à celle qu'il a par le bas.

CEtte proposition peut estre considerée en deux manieres, & un chacun est persuadé que, si un vaisseau Cônique a l'ouverture la plus grande en haut, la liqueur ne pese à la plus petite ouverture que de la pesanteur de la colomne esgale par tout à l'ouverture d'embas, c'est pourquoy je n'en diray rien davantage; je m'estendray un peu sur la seconde qu'on a plus de peine à imaginer, & qui n'est cependant pas moins veritable, qui est que si un tuyau perpendiculaire à l'Horison plus gros vers le bas que vers le haut est remply d'une liqueur pesante, la force avec laquelle elle tendra à sortir par l'ouverture d'embas, sera esgale à celle qu'elle auroit si le tuyau estoit par tout aussi gros qu'il est par le bas.

Les consequences que l'on tire de cette proposi-

tion font affez furprenantes , dont celle-cy eft tout
à fait admirable ; Si un tonneau plein d'eau eftoit
debout fur l'un de fes fonds , en appliquant à un trou
fait au fonds de deffus un tuyau qui ait plufieurs fois
la hauteur du tonneau, & qui foit fi menu que peu
de gouttes d'eau fuffifent pour le remplir, cette petite quantité d'eau fera caufe que le fonds d'embas
fera d'autant plus de fois chargé qu'il l'eftoit aupara-
vant, ainfi fi ce tonneau eft un muid qui contienne
cinq cens foixante livres d'eau , en appliquant à un
trou fait à ce fonds, de deffus un tuyau qui ait cent fois
la hauteur du muid , & qui foit fi menu qu'une
livre d'eau fuffife à le remplir, cettte livre agiffant
conjoinctement avec les cinq cens foixante autres,
fera caufe que le fonds de deffous fera deformais chargé de la pefanteur de 56560. livres. Car l'affemblage
du tuyau & du muid ne different en rien d'un tuyau,
dont la groffeur d'embas furpaffe de beaucoup la
groffeur d'enhaut.

On a fait cette experience depuis quelque temps à
l'Academie Royalle des Sciences, & chez Monfieur
d'Alencé, excepté neantmoins que le petit tuyau
n'avoit que dix pieds de hauteur, on apperceut vifi-
blement les fonds de deffus & de deffous fe jetter en
dehors, quoy qu'on euft mis fur celuy de deffus une
quantité de poids tres-confiderable ; Il y eut quelques perfonnes qui douterent que le fonds de ce vaiffeau fut autant chargé que l'auroit efté celuy d'un autre muid cylindrique de pareille hauteur que le
tuyau avec lequel on faifoit l'experience , ils
avoüoient bien que le fonds d'embas eftoit plus

chargé, mais qu'il le fut precifement d'une colomne égale par tout au fonds d'embas, c'eft ce dont ils
ne demeuroient point d'accord.

Mais fans groffir ce difcours de toutes les demonftrations qu'en ont donné Meffieurs Pafchal & Rohault, je diray feulement, que fi le fonds de ce mefme
tonneau eft plein de trous dans toutes fes parties,
tous de la grandeur du petit tuyau, & qu'ils foient
bouchez par les doigts de plufieurs hommes, on ne
doute point que celuy qui eft directement fous le
petit tuyau ne fente la pefanteur de la colomne toute entiere : On demeurera auffi d'accord que chaque
doigt pris en particulier, porte pareillement la pefanteur d'une colomne, à caufe de la liquidité de l'eau,
& que fes parties n'ont aucune liaifon ny aucune de-
pendance les unes des autres, toutes lefquelles co-
lomnes jointes enfembles, equivalent à une qui feroit par tout egale au diametre du muid.

Il y aura peut-eftre des perfonnes qui auront encore peine à eftre perfuadez de cette belle experience, & afin qu'ils en croyent à leurs yeux, je leur ap-
prendray le moyen de la faire d'une maniere affez
fuccinte & fans beaucoup d'embaras. Il faut prendre une feringue dont le pifton entre dedans avec un
peu de violence, & l'enfoncer jufques au fonds a un
pouce ou deux prés, puis l'ayant fermement appliqué
au mur, & ayant ajouté dans l'endroit où l'on met le
canon un tuyau, dont le diametre foit fort petit, mais
de telle hauteur que l'on voudra, on attachera un vaiffeau au pifton, dans lequel on verfera de l'eau, jufques à ce que par la trop grande pefanteur il foit

contraint de baïffer, & auffi-toft qu'on s'en appercevra on oftera ce vaiffeau & on verfera l'eau dedans la feringue par le petit tuyau, dans lequel on
n'en aura pas mis la dixieme partie, qu'on verra le
pifton defcendre avec impetuofité, & fi on met la
main ou des balances deffous on fentira la pefanteur.

Nonobftant les demonftrations de Meffieurs
Pafchal & Rohault, il a fallu recourir à l'experience
pour convaincre quelques Sçavans de la propofition
que je viens d'avancer, & plufieurs n'auroient pas
manqué de la traiter de fauffe & d'imaginaire, fi on
avoit efté dans l'impuiffance de l'executer. Il s'en eft
mefme trouvé qui ont pretendu m'avoir donné des
demonftrations du contraire. J'apprehende dans cette
penfée de ne pas affez bien perfuader, vû le peu de
connoiffance que nous avons des fons, & qu'il eft im-
poffible de faire appercevoir le mouvement de l'air,
tres-difficile de l'exprimer par efcrit, & affés mal-aifé
de l'imaginer à ceux qui ne l'ont aucunement medité.
J'efpere neantmoins qu'apres quelques reflexions on
trouvera mes fentimens affez vrais-femblables, &
affez conformes à la raifon, & particulierement les
Sçavans, qui font ceux pour qui j'efcris.

Le fon qui fe fait dans les tuyaux Côniques à Anches n'eftant que de l'air pouffé par le petit bout vers
le plus grand, fi on conçoit une fuperficie folide ap-
pliquée à la plus grande extremité, il eft prouvé
qu'elle fera pouffée avec une force egale à celle qu'auroit une autre pareille force qui foufleroit dans un
autre tuyau cylindrique, dont la bafe feroit egale à
celle

celle du tuyau Cônique : mais sans imaginer une superficie solide à l'extremité, ne peut on pas concevoir, que le mouvement imprimé à l'air qui est vers le petit bout, est communiqué à tout l'air qui est renfermé dans ce tuyau, en telle sorte, que si la grande ouverture est decuple de sa petite, & qu'une partie d'air du milieu du petit bout soit poussée devant les autres, il y aura dix fois davantage d'air esbranlé, dans le milieu de la grande ouverture, avant que les autres parties d'air voisines ayent commencé à se mouvoir ; & y ayant une plus grande quantité d'air ébranlée avec la mesme vitesse, il s'ensuit que le son doit estre plus grand, comme l'a tres-bien remarqué Monsieur Perrault dans les Notes du nouveau Vitruve François.

En effet, on experimente en toutes sortes d'instrumens à Anches, qu'ils éclatent davantage à proportion que leurs pattes sont plus ouvertes, & qu'ils font des sons d'autant plus doux, & plus foibles, qu'ils se retrecissent davantage ; comme il arrive dans le Basson, le Haubois & les Cornets qui ont leur canal en Cône, ce qui rend leur son plus violent que ceux des autres instrumens qui sont percez d'une mesme grosseur depuis le commencement jusques à la fin. Ce n'est pas qu'il n'y ait quelque proportion à garder, car on pourroit faire le tuyau si petit, & une des ouvertures si large, qu'il ne feroit pas l'effet pretendu, la raison en est visible, en ce que l'air poussé par l'Anche n'esbranleroit pas toutes les parties de celuy qui est contenu dans le tuyau, & particulierement celuy qui est à la grande extremité, qu'il est necessaire d'es-

branler pour produire ce grand ſon ; il n'en eſt pas
d meſme de l'eau qui peſe dans tous les endroits,
quelque large que ſoit la baſe du tuyau, à cauſe qu'elle eſt renfermée, & que toutes ſes parties ſont pouſ-
ſées également & en meſme temps : Mais dans ces
tuyaux le premier air devant pouſſer celuy qui luy eſt
proche, plus il le frapera de coſté, & moins celuy qui
eſt beaucoup eſloigné de la perpendiculaire ſera eſ-
branlé. C'eſt pourquoy laiſſant le meſme grand Diametre, plus on alongera le tuyau, plus on fera que
les parties de l'air ſe pouſſeront plus facilement les
unes & les autres, & feront l'effet que l'on ſouhaite,
qui eſt d'eſbranler toutes les parties de l'air conte-
nuës dans ce tuyau.

Il n'eſt pas beſoin de determiner qu'elle eſt la proportion de la longueur à la largeur, elle n'eſt point
ſi preciſe qu'on s'en doive mettre en peine, comme
on l'experimente dans les tuyaux d'Orgues, ou une
meſme Anche ſert à pluſieurs tuyaux de differentes
longueurs & de differentes largeurs.

Au reſte il me ſemble, que ſi on a bien conceu ce
que j'ay dit du ſon qui ſe fait dans les tuyaux à Anches de figure Cônique, on n'aura pas de peine à concevoir l'effet des Trompettes parlantes, qui ne ſont
autre choſe que des tuyaux Côniques, dont le La-
rinx & quelques autres parties font l'office d'Anches.
Car pour ce qui eſt de l'articulation & de la pronon-
ciation des voyelles & des conſones, on ſçait que ce
n'eſt que l'air exterieur de la bouche qui eſt battu
d'une certaine façon par celuy qui ſort des poumons,
& il eſt prouv que parlant dans une Trompette, l'air

qui eſt contenu dedans doit agiter l'air exterieur , de la meſme maniere que celuy qui eſt proche la bouche ce qui forme les paroles & les ſyllabes.

Il faut particulierement remarquer, que la voix ne ſe forme point au ſortir de la bouche, mais ſeulement à la ſortie de la Trompette,& que ce n'eſt que la colliſion de l'air qui eſt à ſon extremité, qui ſe fait avec celuy qui eſt au dehors,de telle maniere que l'air qui eſt dans le pavillon de la Trompette a le meſme mouvement & la meſme agitation que celuy qui eſt dans la bouche, mais eſtant en plus grande quantité,c'eſt ce qui groſſit la voix & la fait entendre plus loin dans la proportion que nous dirons tantoſt.

On conclura de tout ce que je viens d'avancer, que la bonté des Trompettes ne conſiſte que dans leurs grands Diamettres, & nondans leurs longueurs, qui eſt toujours nuiſible lors qu'elle excede.

On appercevra pareilement, que plus elles ſeront larges plus elles devront eſtre longues.

Que la meilleure figure qu'on leur puiſſe donner eſt celle du Cône & de toutes ſortes de Pyramides, & que les plis ou contours y ſont indifferens.

Que toutes ces figures reuniſſantes, paraboliques hyperboliques, elliptiques & autres faites de ſections de Cône, quequelques Sçavans croyent eſtre les meilleures,ne ſont qu'imaginaires & ſans fondement.

Pour en eſtre perſuadé,il eſt neceſſaire de bien examiner , & de ne pas confondre les differens ſons que produiſent les corps,car les uns ſôt faits par les cordes, comme dans les inſtrumens qui en ſont montez, les autres par la percuſſion , comme dans les Cloches,

Tambours *&c.* & les autres par le vent, comme dans les instrumens pneumatiques. Il y a mesme de la difference dans ces derniers , car ceux qui se font par le coupement de l'air aussi bien que tous ces autres sons de cordes & de percussion, ne sont point grossis dans les Trompetes parlantes , il n'y a que ceux qui se font par le moyen des Anches, parce que ces sons sont produits par un poussement d'air total.

Soit donc que l'on suive l'opinion de Gassendi, qui veut que le son soit un amas de petits corpuscules d'une certaine figure , lesquels sont transportez avec une rapidité tres-grande, depuis le corps sonnant jusques à l'oreille ; soit que l'on adhere à Descartes, qui plus vray-semblablement pense que ce n'est qu'un certain mouvement de l'air ; ou soit enfin que l'on embrasse quelque autre sentiment , il n'est pas possible d'expliquer l'effet de ces instrumens, en supposant que ces figures faites par des lignes courbes soient les meilleures de toutes, parce qu'on suit necessairement une des opinions que j'ay refutée cy-devant.

Je ne voudrois pas pourtant nier que si on mettoit deux montres sonnantes à l'embouchoir de deux Trompettes, dont l'une fûst hyperbolique & l'autre d'une figure irreguliere & opposée, le son de la premiere ne se fist entendre plus loin que celuy de la seconde, à cause des reflexions que l'on pretend y estre faites ; mais ayant fait voir clairement que le son de la voix & des Anches s'y forme d'une autre maniere que celuy de ces montres, il n'est pas besoin que je m'estende davantage.

Lors

Lors que j'ay dit qu'il n'y avoit que les sons des Anches qui estoient grossis dans les Trompettes parlantes, j'ay ajousté que c'estoit parce que ces sons estoient produits par un poussement d'air total ; Si donc il se trouvoit dans quelque occasion un poussement d'air total, lequel fist son, quoy qu'il n'y eust point d'Anche, ce son ne laisseroit pas d'estre grossi dans les Trompettes ; C'est ce qu'effectivement nous voyons arriver dans les sons qui sont produits par les armes à feu ; car si on tire un pistolet de poche dans une Trompette, il rend un son presque aussi violent que celuy d'un canon.

On n'ignore point que nos canons ordinaires ne produisent ce grand son, qu'a cause que la poudre estant enflamée & rarefiée extremement elle chasse avec violence une quantité d'air considerable qu'elle condense, & cet air condensé tendant à se remettre dans son estat naturel se rarefie, mais plus qu'il ne faut, ce qui l'oblige à se condenser derechef, & ainsi plusieurs fois de suite, comme la tres-bien expliqué Monsieur Rohault dans sa Physique.

On ne doit pas douter non plus, que la mesme chose n'arrivast dans un canon dont la cavité seroit en Cône, car la poudre s'y emflamant & s'y rarefiant, elle chasseroit l'air avec la mesme force que dans un canon cylindrique, comme il est aisé de voir selon la proposition que j'ay avancée, si la situation de la poudre qui ne seroit pas la mesme ou quelqu'autre chose, n'y apportoit du changement ; cette experience ne seroit point inutile, & si le son estoit égal dans ces deux canons cela confirmeroit entierement ma

E

penſée, & j'ay ſujet de croire que la choſe arriveroit comme je le dis, puis que j'ay experimenté & que Monſieur Denys a publié dans ſes memoires, qu'ayant tiré un piſtolet dans une de ces Trompettes, tous ceux qui l'entendirent ſans le voir, crurent que c'eſtoit une piece de canon que l'on venoit de tirer; on pouroit par ce moyen faire des machines qui produiroient avec peu de poudre des ſons tres-grands dans les occaſions où l'on en a beſoin.

Quoy que les ſons des Trompettes ordinaires & ceux des Cors de chaſſe, ſe faſſent par un pouſſement d'air total, ils ne ſont pas neantmoins groſſis dans les Trompettes parlantes, à cauſe que le ſon y eſt formé avant que d'eſtre à l'embouchoir, & que ces Trompettes parlantes ſeroient une production inutile du pavillon de ces Trompettes & de ces Cors de chaſſe.

Pour ce qui eſt de la matiere, il n'importe quelle elle ſoit, contre ce qu'en a eſcrit Monſieur Caſſegrain, il y a ſeulement cette difference, que les ſons de celles que l'on fera d'une matiere plus molle, comme de carton & de bois, feront des ſons plus mols & moins eſclatans, comme il arrive dans les tuyaux d'Orgues, leſquels eſtant de meſme grandeur font l'uniſſon, quoy que la matiere des uns ſoit de plomb ou d'eſtain, & celles des autres de fer ou de cuivre.

Au reſte toutes les experiences que j'ay faites ſur ces Trompettes ont toujours confirmé mon ſentiment. En voicy quelques-unes.

Les voix greſles & petites ne ſont pas groſſies conſiderablement dans les grandes Trompettes.

Les fiflemens, les fons des flageolets, des montres fonnantes & de tous les autres inftrumens qui ne fe fervent point d'Anches ny font point groflis, on les entend feulement d'un peu plus loin.

On y parle ordinairement du Nez, ce qui montre tres-bien le lieu où fe forme la voix; on y pourroit remedier en ajouftant deux tuyaux proportionnez au corps de la Trompette qui aboutiroient au Nez, mais comme ce defaut n'eft point confiderable, il n'eft pas befoin de tant de miftere.

On y prononce mieux les fyllabes ou fe trouvent des A & des O. que celles dans lefquelles il fe rencontre des I & des V. la raifon en eft facile, fi on examine les differentes ouvertures de la bouche de celuy qui parle, & fi on remarque qu'il pouffe plus ou moins d'air une fois qu'une autre.

Pour determiner maintenant la diftance à laquelle on fe doit faire entendre par le moyen de ces Trompettes, il n'eft pas facile de le faire à caufe de la difficulté des experiences.

Il faudroit connoiftre precifement fi la force du fon eft d'autant plus grande, qu'il eft fait par un battement d'air plus violent, & fi ce battement d'air eft d'autant plus violent, que l'on en frape une plus grande quantité en mefme temps.

Il feroit pareillement neceffaire que l'on fçeut fi un fon doit eftre quatre fois auffi fort qu'un autre pour avoir fa Sphere fenfible double, & fuppofé que les fons fuivent en cela les proportions de la lumiere, comme il y a apparence, la grande ouverture des Trompettes devra eftre en raifon double des diftances; c'eſt à dire, que ſi un homme ſe fait entendre à deux cent pas ſans Trompette, il ſe fera entendre à deux mille avec une Trompette, dont la grande ouverture ſera centuple de ſa bouche, ou dont le diamettre ſera dix fois plus grand ; mais comme le ſon diminuë à proportion qu'il s'eſloigne du lieu où il a commencé, il ne ſuffit pas qu'il ſoit quatre fois plus fort en ſon commencement pour faire une eſgale impreſſion de deux fois auſſi loin, & ſi cette diminution ſe fait en meſme proportion que l'eſpace s'augmente, il doit eſtre ſix fois plus fort en ſon commencement pour eſtre entendu auſſi aiſement d'une double diſtance.

Les experiences de toutes les Trompettes que l'on a faites juſques preſent ſuivent ce calcul ou environ, parce qu'il eſt mal-aiſé, comme on ſçait, de l'examiner dans une preciſion fort exacte ; on ne les rapporte point avec les circonſtances des lieux & des perſonnes, & on obmet pluſieurs autres choſes crainte de groſſir inutilement ce diſcours ; Il ne faut pas s'eſtonner ſi nos Trompettes d'aujourd'huy ſont fort éloignées de l'effet de celles d'Alexandre, par le moyen de laquelle on dit qu'il ſe faiſoit entendre à cinq lieuës, puis qu'on n'en a point encore fait qui euſſent cinq coudées ou nonante pouces de Diametre, & que l'on s'eſt touiours aheurté à juger de la bonté de ces Trompettes par leur longueur.

Mais d'autant qu'il faut de la force pour pouſſer l'air qui eſt contenu dans ces Trompettes, & qu'en augmentant leur grand diametre on eſt obligé en meſme temps de leur donner plus de longueur, comme

me j'ay fait voir, il est manifeste que les plus longues devant contenir une plus grande quantité d'air,
il sera plus difficile de l'ébranler à cause de la foiblesse
des poumons, & c'est ce qui me fait douter de l'effet
de celle d'Alexandre, & ce qui me fait apprehender
que l'on ne puisse perfectionner ces instrumens autant qu'il seroit à souhaiter.

Je ne sçay si cette Trompette que j'ay imaginée
ne pouroit pas remedier à cette foiblesse des poumons, c'en sont quatre ou plusieurs jointes ensem-
ble, lesquelles n'ont qu'un pavillon commun à l'i-
mitation de celle de Monsieur Gallois, mais en cela
differente, qu'elles ont chacune leur embouchoir,
en telle sorte que quatre personnes ou davantage
peuvent parler dedans en mesme temps, il y a seulement a apprehender que l'articulation ne s'y fasse
pas également, & que les paroles n'y soient con-
fonduës; Neantmoins l'experience n'en seroit point
desagreable, & elle merite bien la peine d'estre faite.

On pourroit aussi en faire une autre, avec laquelle un homme auroit plusieurs voix, s'il parloit
dans plusieurs Trompettes qui n'eussent qu'un mesme embouchoir, & si le changement de longueur &
de largeur dans ces Trompettes donnent un autre
ton à la voix (ce que je ne croy pas,) il est visible
qu'ayant differentes longueurs & differentes largeurs,
un homme pourra faire luy seul une espece de con-
cert, s'il chante dans une Trompette de cette façon,
ce qui ne seroit point desagreable à entendre, particulierement dans les lieux où il y a plusieurs echos.

On ne peut point nier que cela n'arrivast dans nos

Trompettes ordinaires & dans nos Cors de chasse, s'ils se divisoient à une certaine distance de l'embouchoir, & qu'ils eussent deux pavillons, comme j'ay dit; car on sçait que ce n'est pas l'air qui sort des poumons qui produit le son que l'on entend, mais celuy qui est contenu dans ces instrumens, & qui est poussé par celuy qui sort de nostre corps, & ayant prouvé qu'il pousseroit avec la mesme force celuy qui seroit dans l'un & dans l'autre pavillon, il s'ensuit que l'on doit entendre deux sons differens, lesquels auront differens tons, les pavillons estant inegaux en longueur, & largeur, si quelque chose impreveuë n'y apporte de l'obstacle.

Enfin, toutes ces experiences se peuvent faire avec les canons & autres armes à feu, & avec toutes sortes de tuyaux à Anches, puis qu'elles sont fondées sur le mesme principe; je propose seulement celles-cy à faire à ceux qui en ont les moyens; j'en ay quelques autres dans l'esprit qui pouroient servir à l'eclaircissement de la nature du son, & mesme à la perfection de l'ouye, & à des découvertes encore plus utiles: mais n'ayant à present ny le temps ny les moyens de les executer, je les passe sous silence.

VEU L'APPROBATION.

Permis d'Imprimer. Fait ce dernier de Iuillet 1673.
DE LA REYNIE.

A PARIS,
Chez JEAN BAPTISTE COIGNARD,
ruë Saint Jacques, à la Bible d'Or.

www.ingramcontent.com/pod-product-compliance
Lightning Source LLC
LaVergne TN
LVHW050327030726
842520LV00005B/1817